Glückliche Hühner

Eine Liebeserklärung an das Federvieh

Wolf-Dietmar und Ursula Unterweger

Glückliche Hühner

Eine Liebeserklärung an das Federvieh

Für Abdruckgenehmigungen danken wir den Verlagen Friedrich Oetinger, Hamburg, für den Text »Astrid Lindgren, Meine Kuh will auch Spaß haben«, und dem Verlag Klaus Wagenbach, Berlin, für »Luigi Malerba, Die nachdenklichen Hühner«.

Umwelthinweis:
Dieses Buch und der Umschlag wurden auf chlorfrei gebleichtem Papier gedruckt.
Die Einschrumpffolie – zum Schutz vor Verschmutzung – ist aus umweltverträglichem und recyclingfähigem PE-Material.

Sonderausgabe für Flechsig Buchvertrieb

Gesamtherstellung: AGORA United Graphic Services, b.v
Netherlands

ISBN 3-88189-271-0

Inhalt

Diese Hühner können sich glücklich, gesund und zufrieden nennen, da ihnen der Bauer ein artgerechtes Leben ermöglicht.

Der untrüglichste Gradmesser für die Herzensbildung eines Volkes und eines Menschen ist, wie sie Tiere betrachten und behandeln.

Berthold Auerbach

Hühnerleben im Großelternland

Die Lebensumstände heutiger Hühner haben sich gegenüber früher drastisch geändert. Bis vor wenigen Jahren gehörten Hühner wie selbstverständlich zum äußeren Erscheinungsbild eines Bauernhofes. Dort hatten sie frische Luft und viel Platz, um sich entfalten und bewegen zu können. Heute ist es jedoch nicht mehr so leicht, hinter Hecken und Zäunen freilaufendes Federvieh zu entdecken. Allein schon dadurch, daß es Hecken und die mit Holzlatten bewehrten Zäune nicht mehr gibt. Der Fortschritt hat ihnen den Lebensraum genommen. Ihr angestammter Bauernhof, ein Ort der Behaglichkeit und friedlicher Lebensgemeinschaft hat dem modernen Agrarbetrieb Platz gemacht. Die ursprünglichste Form der Legehennenhaltung, die traditionelle Hahn-Hennen-Gemeinschaft lebt bald nur noch in der Erinnerung fort. Eine Form, die seit Jahrhunderten unverändert blieb und ganz selbstverständlich und natürlich war.

Tagsüber verließen die Tiere den Stall und streiften im Hof umher. In den angrenzenden Obstbaumwiesen, in der Tenne, auf dem Misthaufen suchten sie sich einen Teil des Futters selbst. Der Tisch war reichlich und vielfältig gedeckt. Als Allesfresser fanden sie Samenkörner von Wildkräutern, die zu Großmutters Zeiten noch reichlich im Hofraum und dessen Umgebung wuchsen. Würmer wurden als Delikatesse besonders gern verspeist. So mancher Regenwurm wurde aus dem Erdreich gezogen und unter lautem Gegacker sogleich verschlungen. Wenn nicht ein unmittelbar danebenstehendes Huhn ihn vorher noch erwischte, dann war das Gezanke besonders groß. Vom Teilen hielten die Hennen nicht viel. Anders der Hahn, der machte auf seine Entdeckung all seine Hennen aufmerksam und lud sie förmlich zum Verspeisen seines Fundes ein.

Trotz der stetigen Suche, von morgens bis abends, nach Futter, bekamen sie den Kropf nicht voll genug. Die Bäuerin brachte noch Essensreste aus, streute mindestens zweimal am Tage eine Schüssel voll Weizenkörner auf den hartgetretenen Vorplatz des Hühnerstalles. An leeren Eierschalen hatten sie ganz besonders große Freude. Die wurden im Nu aufgepickt; der darin enthaltene Kalk sollte weiterhin für festschalige Eier garantieren. In natürlichem Rhythmus wuchsen die Hühner und Hähne völlig ungestreßt zu glücklichen Tieren heran. Sie durften ihre angeborenen Verhaltensweisen voll ausleben. Es waren Hühner, die ihre naturgemäßen Bedürfnisse wie Nahrungsaufnahme, Lege-, Brut-, Staubbade-, Ruhe- und Schutzverhalten artgemäß befriedigen konnten. Bei Regen, Hitze und Kälte, bei fast jeder Witterung, kamen sie aus dem Stall. Waren die Witterungsverhältnisse einmal ganz extrem, so fanden sie in der Tenne oder im Kuhstall Zuflucht. Es waren Hühner und Hähne, die noch gackern und krähen durften, wie ihnen der Schnabel gewachsen war.

Hühnerleben im Großelternland findet heute fast nur noch auf Bildern, die uns von Büchern, von Kalendern, Kinderbüchern und der Werbung für Tierprodukte gezeigt werden, statt. Glückliche Hühner, glücklich, weil ihnen das Recht auf ein naturgemäßes Verhalten, auf ein natürliches Leben, nicht vorenthalten wurde.

Die Bilder in diesem Buch zeigen noch glückliche Hühner. Doch sie zeigen auch in tiefer Verzweiflung und ohnmächtiger Wut auf die Übergriffe von uns heutigen Menschen auf das Hühnerleben. Mit welchem Recht haben wir ihr glückliches Leben zerstört? »Wer oder was«, um mit den Worten von Astrid Lindgren zu sprechen, »zwingt denn die tierfreundlichen Bauern dazu, eine derartige legale Tierquälerei mitzumachen?« Sie liefert die Antwort gleich mit: »Gewinnerzielung ist das Schlüsselwort! Es ist die Gewinnerzielung, die so große Opfer erfordert und aus jeder Produktionseinheit mehr und mehr herausholen will.«

Das Hühnerleben heute findet in Legefabriken statt, also nicht mehr auf dem traditionellen Bauernhof, einem Familienbetrieb. Es sind Hühner, an deren Stalltür »Zutritt verboten« steht, deren Stallungen fensterlos sind, die in Schuppen und Hallen zu Hunderten, oft Tausenden, in Legebatterien zu Hunderttausenden auf engstem Raum, in erzwungener Bewegungslosigkeit zusammengepfercht, zu Legemaschinen degradiert dahinvegetieren. Es sind verheerende »Lebens«-Umstände. Ein Lebenlang auf unnatürlichen Gitterrosten, angeborene Verhaltensweisen unterdrückt und andauernde Gesundheitsstörungen. Ventilatorenlärm, niemals frische Luft und Sonne, das ständige Einatmen eigener Dunggase, das versteht man unter der heutigen Hühnerhaltung.

Erfreulicherweise ist die Verbannung der Hühner noch nicht bei allen Bauern die Regel. Vereinzelt hat sich noch eine Bauernhofidylle jenseits aller Agrarindustrie bis in unsere heutige Zeit hinübergerettet. Dort trifft man diese kleine Hühnerhaltung als ein Relikt vergangenen Landlebens noch an. Ein stolzer Gockel stolziert mit seiner Hühnerschar über den Hof. »Kikeriki, Kikeriki, ich bin der König vom Federvieh!« kräht er vom Misthaufen herab. Trotz alledem, der Hahn ist nicht zu beneiden. Er hat seine Hühnerschar beisammen zu halten und muß darauf achten, daß die Hackordnung, die Rangordnung, nicht aus den Fugen gerät. Nur bei artgerechter Haltung im Freilauf kann er als Hüter und Wächter seiner Herde seine wichtige Funktion in der Hühnergesellschaft pflichtbewußt erfüllen. Er sorgt für Frieden und Ausgleich innerhalb seiner zänkischen Hennen, zwischen ihm und den Hennen und verteidigt diese und sich gegen Feinde von außen. Unangefochtener Herrscher ist er aber nur, wenn er sich in der sozialen Hierarchie seiner Hühnerschar aufgrund seiner körperlichen Überlegenheit auch wirklich durchgesetzt hat. Dann erst ist er im wahrsten Sinne des Wortes »der Hahn im Korb«. Der soziale Friede ist unter Hühnern erst wirklich hergestellt, wenn er mit von der Partie ist. Er ist also bei weitem mehr, als nur Zierde und ein unnötiger Fresser auf dem Hühnerhof.

Ihn wegen zu lauten Krähens vor das Gericht zu zitieren, um ihm dieses zu untersagen und abzugewöhnen oder ihn gar von seiner Hühnerherde zwangszuverbannen, bedeutet mehr als nur eine empfindliche Störung der sozialen Ordnung im Hühnervolk, das sollten die Herren Richter bei ihrer Rechtssprechung mitbedenken. Kirchenglocken dürfen in der Frühe nicht mehr zum Tagwerk rufen, Kuhglocken nicht mehr Kurgäste wecken, Kühe auf der Dorfstraße nicht mehr zur Weide getrieben werden, auch den wenigen auf dem Dorf noch verbliebenen Hähnen will man das Krähen verbieten. So weit sind wir auf dem Lande gekommen.

Hühner und Hähne haben aber auch noch andere Lebensbedürfnisse. Sie sorgen auf natürliche Weise für Nachkommen. Auch dazu ist es notwendig, daß die Hühner ihren Hahn haben. Der Hahn lebt polygam. Er liebt es und die Hennen akzeptieren es, daß er der Herr über 10 bis 15 Hennen ist. Wenn die Herde größer ist, dann besteht die Gefahr, daß nicht alle Eier befruchtet werden. Eier legen die Hühner nicht, um die Ernährung des Menschen zu bereichern, sondern zur Erhaltung ihrer Art. Um aber die Eier ausbrüten zu können, müssen für die Hennen eine Vielzahl äußerer Faktoren zusammenkommen, daß die Lust besser gesagt das Bedürfnis am Brüten ausgelöst wird. Je mehr man die Hühner ihr Leben selbst bestimmen läßt, desto größer wird die Wahrscheinlichkeit, daß die Brutlust in den Monaten April bis August in ihnen auch erwacht. Nach der Eiablage bleibt die Henne, die typische Glucklaute von sich gibt, immer länger auf dem Nest sitzen. Hat sie dann 12 bis 15 Eier gelegt, das sind so viele, wie sie im Nest mit ihrem Gefieder abdecken und warmhalten kann, dann ist bei einer gleichbleibenden Körpertemperatur von 38 bis 40 Grad das Wunder nach 21 Tagen vollendet. Aus den Eiern schlüpfen flaumige Küken, auch Bibele, Lukele genannt. Für sie ist es ein Stück harte Arbeit, bis sie die Schalen mit ihrem Eizahn, einem harten Höcker am Oberschnabel, aufgebrochen haben. Die Überraschung ist besonders groß, wenn sie die Eier nicht im Hühnerstall ausgebrütet hat, sondern heimlich im Reisighaufen oder im Heustock und sie Wochen später mit einer Schar kleiner Küken aufmarschiert. Bei kälteren Temperaturen, wenn es regnet oder in der Nacht, finden die kälteempfindlichen Küken unter den Fittichen der Glucke genügend Wärme, aber auch Schutz vor Feinden.

Aus den anfangs posierlichen Tierchen sind nach wenigen Wochen stattliche Hühnerhofbewohner geworden, die scharrend und pickend den ganzen Tag über mit der Glucke von einer Ecke zur anderen unterwegs sind. Die Kleinen werden von ihr solange geführt, bis sie eines Tages selbständig sind. Sie entfernen sich bei der Futtersuche immer weiter von ihr, um dann, von einer Minute zur anderen mit heftigen Schnabelhieben von der Mutter verstoßen zu werden. Die heranwachsenden Tiere müssen ihr Leben von nun an selbst organisieren. So jedenfalls hat die Natur die Vermehrung und die artgerechte Entwicklung des Federviehs geplant.

Nun beginnt auf dem Bauernhof der Kreislauf des Hühnerlebens wieder von neuem. Die Kinder oder die Großeltern sammeln die gelegten Eier von den Nestern ein, scheuchen am Abend das im Obstgarten aufgebaumte Hühnervolk, das sich vor Füchsen, Mardern und Iltissen in Sicherheit gebracht hat, nach dem Motto »Mancher gibt sich viele Müh', mit dem lieben Federvieh« von den Schlafbäumen in den Hühnerstall. So endet mit der hereinbrechenden Dunkelheit der Hühneralltag zu Opas Zeiten.

Im Zeitalter der Massentierhaltung sind Bilder wie diese auf dem Bauernhof selten geworden. Die traditionelle, natürliche Gemeinschaft aus Hahn, Hennen und Küken gibt es so gut wie nicht mehr.

Der Gockel, hat er sich einmal aufgrund seiner körperlichen Überlegenheit bei seinen Hennen durchgesetzt, genießt bis ins hohe Alter unangefochten seine Herrscherrolle. Er ist und bleibt der Hahn im Korb.

Einundzwanzig Tage dauert es, bis aus den bebrüteten Eiern Küken schlüpfen. Heute aber werden die Eier von einer elektrischen Glucke, einem Brutapparat ausgebrütet. Keines der Küken findet dann noch bei einer Glucke Wärme und Schutz. Sie fristen von nun ab in Massen gehalten ihr Dasein, zu Eiweißmaschinen degradiert, als Legehühner oder Masthähnchen.

Der Hahn hat wichtige Funktionen in einer kleinen Hühnergesellschaft zu erfüllen. Er verteidigt seine Hennen als pflichtbewußter Hüter und Wächter, sein Revier gegen mögliche Gegner, sorgt innerhalb der Herde für Frieden und nebenbei noch für Nachwuchs.

Das vielgepriesene Frühstücksei, garantiert frisch und von freilaufenden Hühnern, möchte heute jeder auf dem Tisch haben. Doch nur wenigen ist dies vergönnt. Die Mehrzahl der Eier stammt aus Legebatterien und frisch kann dann schon mal bedeuten, daß das Ei vor ein paar Wochen gelegt worden ist.

Hühner, die einen Auslauf haben, können sich einen Teil lebensnotwendiger Nahrung selbst suchen. Es reicht dann aus, morgens und abends Körner hinzuzufüttern.

Wenn der Garten groß und gut bewachsen ist, braucht man keine Zusätze von Vitaminen und Eiweiß im Futter. Im Winter werden Küchenabfälle hinzugefüttert. So kann man ganz auf künstliches Futter verzichten.

Auch während des Tages hat der Gockel einmal das Bedürfnis, sich ungestört auszuruhen. Hierzu bietet der althergebrachte Bauernhof viele Möglichkeiten und wenn es nur der Platz zwischen der Egge und dem Jauchefaß ist.

S. 20: *Sonnen- und Staubbaden fördern nicht nur das Wohlbefinden des Federviehs, sondern dienen auch der Hygiene und der Gesunderhaltung.*

Und so du schonst, wirst du finden, daß die Mächte, die Glück und Wehe verhängen, schonender, nachsichtiger und barmherziger auch mit dir verfahren werden.

Christian Wagner

Mancher gibt sich wenig Müh', mit dem lieben Federvieh
– Ein Leben hinter Gittern –

An die Stelle der Hühner auf dem Bauernhof sind heute die Käfighühner getreten.

An der Tür der fensterlosen Halle steht »Zutritt verboten«. Mehrere solcher unansehlichen Hallen, sie erinnern an Flüchtlingsbaracken der Nachkriegszeit, diese hatten aber noch Fenster, stehen in geringem Abstand nebeneinander.

Es handelt sich hier um eine industrielle Massentierhaltung, um Käfighaltung von Hühnern, die zweifellos extremste Art der Nutztierhaltung.

»Es ist keine Tierquälerei, wenn Hühner eingesperrt sind, sonst würde man ihre Schreie hören«, sagte mir ein Bauer.

»Wenn Tiere ihr artgemäßes Leben nicht von selbst bestimmen können, dann muß mindestens der Verdacht geschöpft werden dürfen, daß wenigstens ein leichter Fall von Tierquälerei vorliegt«, entgegnete ich ihm, in Unkenntnis darüber wie es wirklich um sie bestellt ist. »Ob wir den Hühnern dieses Leben überhaupt zumuten dürfen, bestreite ich. Es ist sicher nicht Gottes Wille.«

Wie leben sie nun wirklich? Zunächst muß man sich vor Augen halten, daß fast alle unsere Geflügelerzeugnisse, vier von fünf Eiern, die auf dem Frühstückstisch oder im Kuchen landen, aus diesen riesigen fabrikähnlichen Anlagen kommen und nicht frisch vom Bauernhof, wie es vielleicht den Anschein haben mag. Vier, aber auch fünf Hühner, werden in Drahtkäfigen zusammengepfercht. Nach EG-Bestimmungen werden pro Henne 450 Quadratzentimeter verlangt, was einer Fläche von etwas mehr als zwei Drittel eines DIN A 4 Blattes (Schreibmaschinenseite) entspricht. Das ist soviel Platz, wie ihr eigener Körper einnimmt. Die Käfige sind übereinander und in langen Reihen nebeneinandergestellt. Bis zu 6 Etagen hoch werden Legebatterien vom Hersteller angeboten. In Deutschland ist diese Höhe jedoch nicht gestattet. Der Fußboden besteht aus einem weiten Drahtrost. Den ganzen Tag stehen die Hühner auf zwei Millimeter dünnen Drähten und dadurch sind Füße und Sehnen einem andauernden Spannungs- und Krampfzustand ausgesetzt. Das Gitter hat außerdem noch ein Gefälle, damit die Eier nach vorne abrollen können. Daß dadurch Gelenke, Muskeln und Sehnen mit der Zeit überbeansprucht werden und schmerzen, dürfte jedem einleuchten. Wer längere Zeit an einem Hang entlang gegangen ist oder an ihm eine Arbeit zu verrichten hatte, kann aus Erfahrung sprechen.

Wenn ein Huhn aus dem Käfig genommen wird, dann ist es nicht mehr fähig, normal zu laufen. Es zieht bei jedem Schritt die Beine unter starkem Krümmen der Zehen hoch. Durch diese Art der Haltung können die Verhaltensbedürfnisse so gut wie nicht befriedigt werden. Die von Natur aus sehr bewegungsfreudigen Tiere haben nicht einmal genügend Platz, um ihre Flügel zu spreizen, geschweige denn, was ihnen ebenfalls angeboren ist, auf eine dickere Sitzstange zu sitzen und auszuruhen oder scharrend ihr Futter zu suchen, im Sand zu baden und zur Eiablage ein Nest aufzusuchen. Ihr ganzes Leben lang sehen sie keinen Misthaufen, auch keine Wiese, keinen Wurm und nicht einmal einen Hahn. Auch das normale Tageslicht wird ihnen vorenthalten.

Trotz der Tag und Nacht ununterbrochen beleuchteten Käfige und all ihrem eingeschränkten Daseins, herrscht um das Käfighuhn herum eine gewisse Reizarmut; anders bei den Hof- und Auslaufhühnern. Dieser Mangel an Reizen macht das Käfighuhn empfindlicher und dadurch schreckhafter. Käfigleben bedeutet also auch Streß. Bei Untersuchungen der Nebennieren zeigte sich, daß Anomalien vorlagen; aber nicht wegen zuviel Streß, sondern aus genau dem entgegengesetzten Grund, weil sie zu wenig Streß erleben, infolge dauernder Untätigkeit. Müßiggang ist aller Laster Anfang, sagt ein Sprichwort, allerdings auf Menschen bezogen. Der amerikanische Physiologe B. M. Freemann hat 1976 dieses Prinzip, zwischen gutartigem, ja notwendigem Eustreß und quälendem oder zerstörendem Distreß oder Überstreß ausdrücklich auch am Haushuhn bestätigt. Daß es im Batteriestall langweilig zugeht, wird wohl niemand in Frage stellen wollen. Langeweile kann sogar tödlich sein. Das Wohlbefinden der Tiere ist also allein schon durch diesen Mangel an gutartigem, ja notwendigem Streß gestört.

Weitere Faktoren beeinträchtigen die Gesundheit der Hühner und lassen sie dabei leiden: Ständiges Drängeln, das Ausbleiben von Flügelschlagen und Schwanzschütteln, keine Möglichkeit zum Körperschütteln und Flügel-Bein-Strecken, kein Scharren und Sandbaden.

Die im Käfig den Hennen zwangsweise auferlegten Beschränkungen der Raumverhältnisse und Veränderungen der Umweltbedingungen haben darüber hinaus noch andere Folgen für das Verhalten und Wohlergehen. Alle Instinkthandlungen sind mehr oder weniger gestört. Das ganze Fortpflanzungsverhalten, das das Paarungsverhalten, Nestbau, Eiablage und Brutverhalten einschließt, ist blockiert bis auf die Eiablage. Dieser Instinkthandlung geht beim legegestimmten Tier ein intensives Suchverhalten, das Suchen nach einem geeigneten Platz in der Ecke oder auf dem Boden voraus. Die Hennen werden äußerst unruhig, drängen ihre Gefährtinnen beiseite, versuchen durch die Gitterstäbe zu entweichen – dabei werden sie von den Nachbarinnen heftig angegriffen und in den Kopf gehackt – und zwängen sich nach längerem, erfolglosen Suchen in letzter Verzweiflung zwischen die Beine anderer Leidensgenossen, bis diese sie dann treten. Dieses Unterschlupf-Suchen steigert sich mit der Zeit, andere Hennen werden unsanft hochgeworfen und in die Ecke geschleudert. Dazwischen kommt es immer wieder zu Fluchtversuchen, die aber ausweglos sind. Rhythmische Kopfbewegungen entlang der Käfigwand, Aufflug-Bewegungen, Übersprung-Bewegungen, hastige und sinnlose Bewegungen, Futterpicken oder Federpicken ins eigene Gefieder oder das der Nachbarin, Hochklettern in Panik an der Käfigwand, steigern sich über Stunden bis zu äußerst aggresivem Verhalten. Die Erregung klingt plötzlich ab und geht in einen körperlichen Erschöpfungszustand über, das Huhn setzt sich, legt schnell das Ei ab, um gleich wieder aufzustehen und sich vom Ei zu entfernen. Ein Drama, ein ruinöser Vorgang ist abgelaufen, um sich am nächsten Tag bereits um 1 Uhr nachts, wenn das Licht angeschaltet wird zu wiederholen. Nichts aber auch gar nichts von den natürlichen Bedürfnissen, die mit der Eiablage verbunden sind, wurde weggezüchtet. Wie schön hat es da das freilaufende Huhn auf dem Bauernhof. Es sucht sich in Ruhe ein ungestörtes Plätzchen, meist das Legefach, mit Heu weich ausgepolstert und verbleibt dort vor und nach der Eiablage noch einige Zeit.

Aber nicht genug damit. Das Eiablegen im Käfig unter starken Behinderungen und die dadurch verursachte Konfliktsituation hat zu einem hohen Maß an Frustration und Streß geführt. Nicht zu verwechseln mit dem Streß, der durch Langeweile entsteht. Welche Tragödie läuft im dichtbesetzten Käfig noch zusätzlich ab? Beim Herauspressen des Eies stülpt sich infolge einer Gewebeschwäche die rotglänzende Schleimhaut der Kloake heraus. Dadurch werden die anderen Zelleninsassen dermaßen gereizt, daß sie in die empfindliche Schleimhaut picken. Das versucht die gepeinigte Henne zu verhindern und stellt sich mit ihrem Hinterteil an die Gitterwand. Dort aber picken die Nachbarn nach ihr. Es kommt dann immer wieder vor, daß in kurzer Zeit das ganze Eingeweide herausgezogen wird und das betroffene Huhn dabei verendet. Blutet ein Huhn durch eine Verletzung, reizt das die anderen Hennen, daran immer wieder zu picken, bis auch dies zum Tode führt.

Dieser Hühnerkannibalismus ist aber, so verwunderlich es auch erscheint, bei Boden- und Auslaufhaltung mit extrem hoher Besatzdichte, weitaus häufiger. Tödliche Hackkämpfe sind dort infolge Dichte und Enge an der Tagesordnung und führen zu hohen Verlusten.

Wenn Hühner ein hohes Risiko haben, von ihren Artgenossen schwer verletzt oder gar getötet zu werden, so dürfte diese Art der ihnen zugemuteten Lebensbedingungen sie weder objektiv noch subjektiv wohlfühlen lassen. Auch diese Haltungsart dürfte ethisch nicht vertretbar sein. Der Kannibalismus industriell gehaltener Hühner ist keine Folge von natürlichen Rangordnungskämpfen, kein Kampf um den sozialen Stand und seine Bewahrung, sondern eine abartige Variante des Freßverhaltens. Es ist also eine spezielle Art von Kannibalismus, eine rein hühnerspezifische, ohne Anzeichen von Kampfstimmung, kein aggressiver, so die Aussage einer wissenschaftlichen Untersuchung. Es gibt aber auch andere Meinungen, die diesen Kannibalismus durchaus auf aggressives Verhalten zurückführen, das infolge permanenter Nervosität und Dichtestresses entsteht. Um diese tödlichen Hackkonflikte nervöser, aggressiver Großherden in Bodenhaltung einzudämmen, schneidet man Jungtieren den Schnabel kurz, so daß das Picken wehtut, und man dunkelt die Ställe ab, so daß die Tiere nichts mehr wahrnehmen, was ihre Aggressionen auslösen könnte.

Die Aufzählung von krankheitsverursachenden Störungen ist beileibe noch nicht zu Ende. Hühner im hinteren Teil des Käfigs stehen wegen der geringen Höhe in geduckter Haltung und verletzen sich oftmals beim Übersteigen der Gefährtinnen oder beim sich Untendurchdrücken. Knochenbrüche, nicht selten Wirbelsäulenbrüche mit anschließenden Lähmungserscheinungen, sind die Folge. Stoffwechselstörungen wie Osteoporose, sie beruht auf Entkalkungserscheinungen der Knochen, läßt diese haltungsbedingt brüchig werden. Da die Tiere wegen mangelnder Bewegnung überschüssige Stoffwechselenergie nicht abführen können, führt dies zur Fettleber.

Einen erbärmlichen Anblick bieten diese im Dunst ihrer Exkremente stehenden, den Hals durch das Käfiggitter gesteckt, immer wieder in die Futterrinne pickenden Legehennne. Kahle, federlose Stellen am ganzen Körper, insbesondere am Hals, Bauch und After. Wie schon teilweise gerupft stehen sie in ihrem Käfig herum, mit abgebrochenen und zerzausten Federkielen, Suppenhühnern im wahrsten Sinne des Wortes ähnelnd.

Zigmillionen von ihnen ergeht es nicht anders. Auf engstem Raum leben sie in Fabriken, in Käfig-, Boden- und Auslaufhaltung, als Masthähnchen, Suppenhühner und als Legehennen. Als Eiweißmaschinen produzieren sie möglichst kostengünstig und wartungsfrei Fleisch und Eier.

Nach all dem, was wir hier erfahren haben, dürfte es einem leicht fallen, zu behaupten, daß Massentierhaltung insbesondere die Käfighaltung von Legehennen Tierquälerei sei. Die Richter am Bundesgerichtshof aber sehen das anders: Hühnerhaltung in Legebatterien ist keine Tierquälerei. Sie leiden zwar, aber für die Richter in einem erträglichen Maß. Die »Erheblichkeit« der Leiden, die das Tierschutzgesetz für strafbare Tierquälerei fordert, verneinten sie jedoch. Allein auf Grund der Beengtheit lassen sich keine objektiven Symptome erheblichen Leidens feststellen.

Der Streit geht weiter. Die einen – die Maschinenstürmer des 20. Jahrhunderts, die aus der Industriegesellschaft aussteigen wollen, in die angeblich so »gute alte Zeit« zurück, wie der Zentralverband der Deutschen Geflügelwirtschaft e. V. sie bezeichnet – behaupten, die Frage, ob einem Tier Leid zugeführt werde, könne »intuitiv ethologisch« durch die Einfühlung des Menschen in das Tier allein schon festgestellt werden. Dem widersprechen die Fortschrittsgläubigen mit der Begründung: die Leiden der Tiere könnten nur »empirisch« auf Grund objektiv feststellbarer Symptome nachgewiesen werden. Wir dagegen glauben nicht, daß ein denaturierter Mensch überhaupt fähig sein kann, zu unterscheiden, was Tierquälerei und was nicht Tierquälerei ist. Wir müßten zunächst wieder den Platz in der Natur einnehmen, der uns von Gott anvertraut wurde. Dann wäre die Voraussetzung geschaffen, für einen ethischen Umgang mit den Mitgeschöpfen.

»Kikeriki, Kikeriki, ich bin der König vom Federvieh!«, heißt es in einem alten Gedicht. Das trifft auf diesen Hahn der Zwerghühnerrasse »Chabo« sicher aber nur zu, wenn er sich mit Hennen seiner Größe oder seiner Rasse umgibt.

S. 25: Ein Hahn, der noch krähen darf, wie ihm der Schnabel gewachsen ist. Aber wie lange noch? Wann wird gegen ihn wegen Lärmbelästigung vor Gericht gezogen, um ihm das Krähen zu verbieten?

Eine Untugend der Henne ist das Eierverlegen. Das Huhn sucht nicht das im Hühnerstall dafür vorgesehene Nest auf, sondern legt heimlich ihr Ei woanders ab. Die Eier werden an einem ruhigen Ort ausgebrütet und die Überraschung ist groß, wenn sie Wochen später mit einer kleinen Schar Küken aus dem Heustadel aufmarschiert.

Zum Glück ist die Verbannung in die sterile Landwirtschaftsfabrik, wo es keine Vegetation, keine Jahreszeiten, nicht einmal Tag und Nacht gibt, noch nicht überall erfolgt.

Es ist wichtig, den Hühnern ihren rassespezifischen Anforderungen gerecht zu werden, damit sie sich optimal entwickeln können. Auslauf, Sozialgefüge, Fütterung, Klima und Haltung müssen ihren besonderen Eigenarten und Verhaltensweisen angepaßt werden.

S. 30: Ein neuer Lebensabschnitt hat für die heranwachsenden Küken begonnen. Nach ungefähr acht Wochen löst sich der Familienverband auf. Diese Zwei hier müssen sich das erste Mal, auf sich alleine gestellt, mit ausgestreutem Körnerfutter selbst versorgen.

In der sozialen Hierarchie einer Hühnergesellschaft kommt zuerst der Hahn und dann die Henne.

S. 32: Hier scheint sich das Küken etwas weit weg von seiner Mutter gewagt zu haben. Doch eine angeborene Verhaltensweise erinnert daran, innezuhalten, denn eine Katze, die aus der Scheunentoröffnung jederzeit heraustreten kann, wird als natürlicher Feind ausgemacht.

S. 34: In wenigen Wochen sind aus flauschigen Küken, gefiedertragende Jungtiere geworden, die mit ihren Krallen alles zerscharren und mit ihren Schnäbeln alles aufpicken, was ihnen an Grünzeug, Pflanzensamen, Würmern, Engerlingen in den Weg kommt.

Die Tiere sprechen: Herr, wie lange läßt Du es zu, daß sie Deine Schöpfung zerstören und schänden, sie, die Du als »Krone« erschaffen hast? Sie sind nun Schlächter und Mörder. Barmherzig bist Du, Gott, und gerecht. Wir erflehen beides von Dir. Denn Du bist auch unser Schöpfer und Gott. Auch uns hast Du das Paradies verheißen. Für alle Ewigkeit.

Hans Ruesch

Die Kirche und die Kreatur – Auch die Tiere sind Teil der Schöpfung

Der Blick auf den historischen Hintergrund der Befreiung der Tiere zeigt, daß die Beschäftigung mit dieser Thematik einige Tausend Jahre alt ist. Die echten Bemühungen um das Seelenheil der Tiere sind jedoch relativ jung. Die ernsthaften politischen Bewegungen entstanden erst in den siebziger Jahren.

In der Gedankenwelt der Hindus findet sich die Sorge um das Leiden der Tiere. Die Vorstellung des Buddhismus von Mitleid ist universell, indem sie Tiere und Menschen gleichermaßen einbezieht. Anders verhält es sich in der westlichen Welt. Die Wurzeln liegen im klassischen Griechenland und in der jüdisch-christlichen Tradition. Beiden Kulturkreisen ist ein mehr indifferentes Verhältnis zur nicht-menschlichen Spezies eigen. Im Schöpfungsbericht – genauer, in den beiden zeitunterschiedlichen Schöpfungsberichten Genesis 1 und 2 – ist das Tier erwähnt, und von da an wird es immer wieder als Bibelwort in Berichten und Schriftäußerungen zitiert. Der Herrschaftsauftrag in Genesis 1,28 »... und füllet die Erde und machet sie euch untertan und herrschet über die Fische im Meer und über die Vögel unter dem Himmel und über alles Getier, das auf Erden kriecht« wird erst heute richtig verstanden und interpretiert. Er bedeutet keinen Freibrief für Ausbeutung, sondern kommt einer Verweserschaft gleich. Pfleglich solle er mit der Erde umgehen, wobei er Teil der Schöpfung bleibe und »nicht oberhalb der Kreaturgrenze« stehe (Karl Barth). »Herrschet über sie«, das bedeutet, »Hütet das alles!« Dieses Bibelwort ist niedergeschrieben worden, da Herrscher noch Hirten waren, Hirtenkönige... (Rudolf Bösinger). Es gibt weitere Belegstellen von der Schöpfungseinheit und -partnerschaft im Alten Testament, aus denen eine ethische Grundhaltung im Sinne der Mitgeschöpflichkeit ersichtlich wird. In Exodus 23,12 lesen wir »sechs Tage sollst du deine Arbeit tun; aber des siebenten sollst du feiern, auf daß dein Ochs und Esel ruhen...«, eine Ausdehnung der Sonntagsruhe auch auf die Arbeitstiere. Sehr deutlich auch der Geist, der aus Deuteronium 22,4 spricht: »Wenn du deines Bruders Esel oder Ochsen siehst fallen auf dem Wege, so sollst du dich nicht von ihm entziehen, sondern sollst ihm aufhelfen...« Sehr eindringlich wird in Salomos 12,10 beschworen: »Der Gerechte erbarmt sich seines Viehs; aber das Herz des Gottlosen ist unbarmherzig.«

Im neuen Testament tritt ein Verlust an dieser Fürsorge für das Tier ein. Jesus verstärkt einerseits die alt-testamentarische Ethik und vernachlässigt anderseits dabei die Tiere. Das Mehr an Menschenliebe geht mit einem Weniger an Tierliebe einher. Die Erklärung von Albert Schweitzer, »warum das Mitleid gegen die Kreatur nicht vom Christentum als Gebot aufgestellt worden ist, besonders da das alttestamentarische Gesetz schon Bestimmungen der Fürsorge für die Tiere enthält, ist, daß das Urchristentum in der Erwartung des baldigen Weltendes lebt und also den Tag für nahe bevorstehend hält, wo alle Kreatur von ihrem Leiden erlöst werden wird... Für Apostel Paulus kommen Bemühungen zum Schutze der Tiere ebenso nicht mehr in Betracht, wie solche zur Aufhebung der Sklaverei.« Jede Vorsorge für hier und jetzt schienen den Christen von dieser Zeit der Endzeitstimmung an bis zum heutigen Tag, sofern sie ihr Leben durch das Neue Testament bestimmen ließen, nicht angebracht zu sein. Ja sie verstanden Genesis 1,28 wörtlich als Rechtfertigung ihrer schrankenlosen Ausbeutung der Natur. Für die Welt als Schöpfung waren die Christen blind geblieben. Dies ist um so mehr erstaunlich, wo doch die Bibel mit dieser Thematik in 1. Mose 1.1 beginnt und in Offenbarung 21,1 damit schließt.

Diesen Mythos der Überlegenheit und der Macht des Menschen über die Tiere und die Pflanzen verbreiteten auch die Schulen um Aristoteles im alten Griechenland. Nach ihnen existieren Pflanzen zum Nutzen der Tiere und die Tiere zum Nutzen des Menschen. Die Bibel sieht, trotz der bis heute noch von vielen Christen falsch ausgelegten Schöpfungsgeschichte »machet die Erde euch untertan...«, den Menschen in der Solidarität mit allem Leben in der Welt. Diese Kernpassage darf nicht weiterhin einfach als Ausbeutungsanspruch gedeutet und verbreitet werden. Ehrfurcht vor dem Leben steht im Widerspruch zur Moral der absoluten Herrschaft über die Natur, der von der Kirche immer noch geduldeten Nutznießerfunktion des Menschen auf der Erde nach dem Motto: »Wie kann ich die Natur zu meinen Gunsten ausbeuten und für mich brauchbar machen.«

Leider hat die Christenheit den Wert und das Gewicht dieses Sachverhalts so gut wie nicht begriffen. Sie sieht nur den Menschen und seine Erlösung. Dieser Egoismus, das Heil nur für sich zu suchen, ist im christlichen Denken und Handeln immer noch verankert. Dies führte dazu, daß die Schöpfung, in die Hand des Menschen gegeben, schweren Schaden litt und immer noch leidet. Dem heutigen aufgeklärten, christlichen Menschen kann die Verweigerung der Erlaubnis durch Papst Pius IX. in der Mitte des 19. Jahrhunderts, in Rom eine Gesellschaft zur Verhinderung von Grausamkeiten gegen Tiere zu gründen, kaum noch verständlich gemacht werden. Er begründete diese Entscheidung damit, daß die Gewährung der Erlaubnis implizieren würde, daß Menschen gegenüber niederen Kreaturen Verpflichtungen hätten.

Albert Schweitzer hat den Versuch, wie wir eingangs bereits erfahren haben, unternommen, zu erklären, warum Theologie und Kirche das Prinzip der Ehrfurcht vor dem Leben, der Mitgeschöpflichkeit weit hinter unseren Heilsegoismus gestellt hatten. Er begründete dies damit, daß das Urchristentum das baldige Ende der Welt erwartete.

»Gotteskindschaft aller, folglich die Sorgepflicht des einzigen mit Vernunft und Gewissen ausgestatteten Erdbewohners für die Abhängigen, klingt immer wieder durch die Erzählungen und Spruchweisheiten, durch die Gesetze des Alten Testaments« (Harald Steffan). Theologie und Kirche haben die Idee der Schöpfungsethik, die Aufnahme des Prinzips der »Ehrfurcht vor dem Leben« trotz der vielen Hinweise in der Bibel verweigert.

Dies ist ebenso wenig verständlich wie mit dem christlichen Gedankengut vereinbar, weiß man doch inzwischen, daß bei der Zusammenfassung der Urschriften zu den Evangelien bewußt Schriften grundlegender christlicher Aussagekraft und Inhalte weggelassen wurden. So findet man im Urevangelium, dem Evangelium der Zwölf, außerordentlich wichtige Aussagen und Erklärungen, die für das Verständnis christlichen Gedankenguts von großer Bedeutung sind. Wie die Evangelien des Neuen Testamentes beschreibt dieses Begebenheiten aus dem Leben Jesu sowie seine Gespräche und Mitteilungen für den Menschen, die aber im Neuen Testament nicht enthalten sind. Die eindeutige Verurteilung aller Formen von Tieropfer sowie das brüderliche Verhältnis des Menschen zur Kreatur und seine evolutionäre Verpflichtung gegenüber dem Tierreich sind in ihm belegt. Aufgeführt sind ferner alle Äußerungen Jesu darüber, daß der Mensch kein Fleisch essen soll und welche Folgen die Nichtbeachtung dieses Gebots mit sich bringt. Aus Platz- und thematischen Gründen sollen nur auf ein paar Darstellungen und Unterweisungen eingegangen werden, die auf das Verhältnis des Menschen zum Tier und zu den menschlichen Verpflichtungen eingehen.

(31. Kap. 12). Vor Jerusalem begegnete Jesus einem mit Holz beladenen Kamel, das mit der schweren Last nicht den Berg hinaufklettern konnte und deshalb vom Treiber geschlagen und mißhandelt wurde, ohne das Tier von der Stelle zu bringen. Jesus fragte ihn: »Warum schlägst Du Deinen Bruder?« Der Mann erwiderte: »Ich wußte nicht, daß es mein Bruder ist. Ist es denn nicht ein Lasttier und dazu erschaffen, mir zu dienen?« Jesus antwortete: »Hat nicht derselbe Gott aus den gleichen Stoffen dieses Tier und die Kinder, die Dir dienen, geschaffen und habt Ihr nicht beide denselben Atem von Gott empfangen?« Der Mann hörte auf, das Kamel zu schlagen und befreite es von einem Teil seiner Last. Das Kamel erkannte Jesus, denn es hatte die Liebe Gottes in ihm gefühlt. Der Mann aber wollte mehr von dieser Lehre wissen und wurde sein Jünger.

(34. Kap. 7). In einem Dorf fand Jesus eine kleine herrenlose Katze, die Hunger litt und schrie. Er gab ihr Nahrung und Trank und sie zeigte ihm ihre Dankbarkeit. Das herbeigelaufene Volk sprach: »Dieser Mann sorgt für alle Tiere! Sind sie denn Deine Brüder und Schwestern, daß Du sie so liebst?« Er antwortete: »Wahrlich, das sind Eure Mitbrüder aus dem großen Haushalte Gottes, Eure Brüder und Schwestern, welche den selben Atem des Lebens von dem EWIGEN haben. Und wer immer für die Kleinsten von ihnen sorgt und Speise und Trank gibt, soviel sie nötig haben, der tut es an mir. Wer es aber duldet, daß sie Hunger leiden und sie nicht schützt, wenn sie mißhandelt werden, erleidet das gleiche Übel, als ob er es mir zugefügt hätte. Denn ebenso wie Ihr in diesem Leben getan habt, so wird Euch im kommenden Leben getan werden.

(41. Kap. 1). Jesus kam nach Jericho und begegnete einem Manne, der einen Käfig voller Vögel und junger Tauben hatte. Er sah ihren Jammer darüber, die Freiheit verloren zu haben und daß sie Hunger und Durst litten.

Er sprach zu ihm:

»Was tust Du mit diesen Geschöpfen?« »Ich will mir damit meinen Lebensunterhalt erwerben, indem ich die von mir gefangenen Vögel verkaufe!«, war die Antwort. Jesus antwortete: »Was denkst Du, wenn ein Stärkerer und Klügerer als Du Dich gefangennehmen und fesseln würde oder auch Dein Weib und Deine Kinder? Wenn er Dich ins Gefängnis werfen und zu seinem Vorteil verkaufen würde, um damit seinen Lebensunterhalt zu verdienen? Sind es nicht Deine Mitbrüder, bloß schwächer als Du? Sorgt nicht derselbe Gott für sie ebenso wie für Dich? Gebe also diesen Deinen Brüdern und Schwestern die Freiheit und siehe, daß Du nie wieder solches tust und ehrlich Deinen Unterhalt verdienst! Du sollst nicht das Leben irgendeines Geschöpfes aus Vergnügen nehmen oder es quälen. Jeder, der den Leib irgendeines Geschöpfes zur Nahrung, zum Vergnügen oder zum Gewinn zu besitzen sucht, verunreinigt sich!«

Der Mann hörte die Worte seiner Lehre und erlernte das Flechten von Körben. Durch seine Arbeit erwarb er sich nun sein Brot, zerbrach die Käfige und Fallen und wurde ein Anhänger Jesu.

Doch nicht alle ihre Glaubensgenossen teilten mit der Kirche diese ablehnende Haltung gegenüber den Tieren. Franz von Assisi steht nahezu allein da als leuchtendes Beispiel einer grenzenlosen Liebe zur belebten und unbelebten

Kreatur, die er mit dem zärtlichen Namen »Bruder« und »Schwester« grüßte.

»Denn er war keiner von den immer Mindern,
die freudeloser werden nach und nach,
mit kleinen Blumen wie mit kleinen Brüdern
ging er den Wiesenrand entlang und sprach...«

So wird es sehr treffend von Rilke im Stundenbuch charakterisiert. Er setzte in die Tat um, was heute wieder viele Menschen suchen: Ein neues Verhältnis der Verbundenheit zu Bruder Tier und Schwester Pflanze. Innige und zärtliche Liebe brachte er ihnen entgegen. Er grüßte auf seinen Wanderungen die Vögel und bat sie demütig, von ihm Gottes Wort zu hören, dabei sie zur Achtung vor den anderen und zum Lob des Schöpfers ermahnend. Er sprach mit ihnen und fügte folgende Worte, die als seine Vogelpredigt bekannt geworden sind, hinzu: »Meine Brüder Vögel! Gar sehr müßt ihr euren Schöpfer loben und ihn stets lieben; er hat euch Gefieder zum Gewand, Fittiche zum Fluge und was immer ihr nötig habt gegeben. Vornehm machte euch Gott unter seinen Geschöpfen, und in der reinen Luft bereitete er euch eure Wohnung. Denn weder säet noch erntet ihr, und doch schützt und leitet er euch, ohne daß ihr euch, um etwas zu kümmern braucht.« Durch Erinnern an Vergessenes, Vernachlässigtes oder bewußt aus dem Neuen Testament Weggelassenes markiert Franz von Assisi einen Einschnitt in der Geschichte der Ethik.

Alles Getier war für Franz von Assisi schützenswert. Der Mensch und die Tiere verstand er als gleich vor Gott und untereinander. Er predigte dies, und was noch viel wichtiger ist, er lebte diesen Einheitsgedanken der Schöpfung vor. Er befreite die Tiere aus ihren Nöten: Hasen und Kaninchen aus den Schlingen, Würmer hob er vom Wege auf, damit sie nicht zertreten würden. Schafe kaufte er auf dem Markt auf und ließ sie wie den geschenkten Fasan wieder frei.

Papst Johannes Paul II. hielt zum 800. Geburtstag des Franz von Assisi am 12. März 1982 vor der Basilika Santa Maria degli Angeli in Assisi folgende Ansprache, die nicht ungehört bleiben darf: »Der heilige Franziskus steht vor uns als Beispiel unerschütterlicher Güte und aufrichtiger Liebe zu den vernunftlosen Wesen, die zur Schöpfung gehören. In ihm findet jene Harmonie ihren Widerhall, die auf den ersten Seiten der Bibel mit eindrucksvollen Worten beschrieben wird: ›Gott der Herr nahm also den Menschen und setzte ihn in den Garten Eden, damit er ihn bebaue und hüte‹ (Gen. 2,15), und ›führte alle Tiere... dem Menschen zu, um zu sehen, wie er sie benenne‹ (Gen. 2,19).

Im heiligen Franziskus ahnt man gleichsam eine Vorwegnahme jenes von der Heiligen Schrift verheißenen Friedens, wo ›der Wolf beim Lamm wohnt, der Panther beim Böcklein liegt, Kalb und Löwe zusammen weiden, ein Kind sie hüten kann‹ (Jes. 11,6).

Er sah die Schöpfung mit den Augen dessen, der in ihr das wunderbare Wirken der Hand Gottes zu erkennen vermag. Seine Stimme, sein Blick, seine aufmerksame Sorge nicht nur gegenüber den Menschen, sondern auch gegenüber den Tieren und der Natur überhaupt, sind ein getreuer Widerhall der Liebe, mit welcher Gott am Anfang das ›fiat‹ (›es werde‹) gesprochen hat, das sie entstehen ließ. Sollten wir nicht im Sonnengesang etwas von der überirdischen Freude Gottes, des Schöpfers, mitschwingen spüren, von dem geschrieben steht, ›er sah, daß alles, was er gemacht hatte, sehr gut war‹ (Gen. 1,31)? Ist nicht vielleicht hier die Erklärung für die freundliche Anrede ›Bruder‹ und ›Schwester‹ zu suchen, mit der sich der ›kleine Arme‹ an alle geschaffenen Wesen wendet?«

Am 28. März 1982 grüßt der Papst alle Anwesenden in Assisi, die sich zum Tag des Umweltschutzes und des Tierschutzes eingefunden haben unter anderem mit den Worten: »Wie sollte man in diesem Beispiel nicht eine Lehre erkennen, die unsere heutige Zeit besonders nötig hat, eine Zeit, in der der Mensch mit besorgniserregender Leichtfertigkeit langsam den Lebensraum zerstört, den die Weisheit des Schöpfers für ihn geschaffen hat? Das Zeugnis des heiligen Franziskus veranlaßt die heutigen Menschen, sich nicht wie rücksichtslose

Räuber gegenüber der Natur zu verhalten, sondern die Verantwortung für sie zu übernehmen und dafür Sorge zu tragen, daß alles heil und unversehrt bleibt, um auch den Menschen, die nach uns kommen, einen freundlichen und wohnlichen Lebensraum zu bieten.«

Franz von Assisi, das war Christentum in seinen seltenen Stunden. Doch auch er hat es nicht vermocht die ethische Lücke, die kreatürliche im Neuen Testament für uns heute zu schließen. Der Papst erhob Franz von Assisi am Ostersonntag 1980 zum Patron der Natur- und Umweltschützer. Was ist seit dieser vorerst letzten Ehrung von seiten der Kirche geschehen? Der Verrat an den Tieren geht weiter. Niemand in der Kirche findet anscheinend etwas dabei, wenn jährlich mehr als 200 Millionen Singvögel in Italien gefangen werden. Nicht einmal der Papst, weder sein Bischöfe noch Synoden protestieren dagegen lautstark. Geschweige denn wurde massiver Protest gegen die Quälerei von Hühnern in Massentierhaltungen aus Kirchenkreisen laut.

Den Ausführungen und Forderungen von W. Bodenstein stimmen wir uneingeschränkt zu. »Bedrückend und beschämend ist die Taubheit der Christenheit für die Leiden der stummen Kreatur... Es ist an der Zeit, Grundrechte des Tieres aufzustellen. Und wer wäre mehr dazu berufen als die Kirche... Wenn die Kirche ein Wächteramt in der Gesellschaft beansprucht, dann müßte es hier auch ihre Stimme erheben und den christlichen Glauben als den Ruf zur Solidarität mit aller Kreatur geltend machen... Die Kirche muß ihr Ohr öffnen für das Seufzen der geängstigten Kreatur, sie muß ihr Anwalt werden gegen ihre Bedränger, wie es immer ihre Ehre war, für diejenigen einzutreten, deren Stimme nicht gehört wurde. Sie muß es, weil sie allein im Schöpfungsglauben über jene geistige Kraft verfügt, die einen Gesinnungswandel in der modernen Industriegesellschaft herbei zu führen vermag.«

Auch wenn sich seine Hühnerschar weit weg entfernt hat, behält sie der Gockel im Auge. Der Fuchs könnte sich sonst schnell eine Henne holen.

Der einstmals idyllische, bäuerliche Geflügelhof ist durch die Legebatteriehaltung in den meisten Kulturländern verdrängt worden. Hunderttausende von Hühnern vegetieren in Käfigen und Bodenhaltung auf engstem Raum. Eine jahrhundertelange Freilaufhaltung von Hühnern in kleinen Herden gehört fast der Vergangenheit an.

Hühner bleiben gesund und leistungsfähig, wenn dem Fortbewegungs-, Nahrungsaufnahme-, Körperpflege-, Ruhe-, Paarungs- und Fortpflanzungsverhalten sowie der sozialen Organisation entsprochen wird, indem genügend Raum zur Verfügung steht.

Uneingeschränktes Fortbewegungsverhalten wie Gehen, Laufen, Flattern, Fliegen ist gewährleistet, wenn der Auslauf groß genug ist.

Das freie Fortbewegen muß auch möglich sein bei der Nahrungssuche, der Absonderung von der Gruppe bei der Nestsuche und Nestinspektion, sowie beim Aufbaumen, dem Platznehmen auf erhöhten Sitzstangen im Freien und auch im Stall.

S. 48: Wichtig für das Wohlbefinden ist die Pflege des Gefieders und der Haut durch Kratzen oder Nippeln mit Fußkrallen und Schnabel und ausgiebiges Staub- und Sonnenbaden.

Gott wünscht, daß wir den Tieren beistehen sollen, allemal, wenn es vonnöten ist.
Ein jedes Wesen in Bedrängnis hat gleiche Rechte auf Schutz.

Franz von Assisi

Das Tierschutzgesetz: Mehr kam für die Tiere dabei nicht heraus

Schon in der Frühzeit glaubte der Mensch, daß das Tier in der Schöpfung einen eigenständigen Platz einnimmt. Als Sammler, Jäger, Nomade aber auch als Bauer nützte er es für seine Zwecke. Im wohlverstandenen Eigeninteresse schützte er es aber auch vor rücksichtsloser Ausnutzung und Ausbeutung, weil es ihm zur Bestreitung seines Lebensunterhaltes oder seiner Eigenversorgung diente. Doch schien der Mensch nicht immer einzusehen, daß diese Nutzung nicht grenzenlos sein konnte. Deswegen verbot Hammurabi von Babylon (ca. 2100 v. Chr.) den Tierhaltern durch Gesetz, ihre Tiere übermäßig zu strapazieren, sie über Gebühr arbeiten zu lassen. Doch diese frühe Tierschutzbestimmung wurde in den nachfolgenden Jahrhunderten nicht weiter entwickelt; sie blieb eine Ausnahme. Selbst im hochentwickelten römisch-germanischen Rechtsempfinden fand der Tierschutz keine gebührende Aufnahme. Auch im deutschen Recht, das sich langsam aus dem römischen entwickelte, fand der Tierschutz lange Zeit keine sonderliche Beachtung. Tiere wurden im römischen Recht als Sache behandelt. Über sie konnte der Eigentümer nach Belieben – wie über leblose Gegenstände – verfügen. Daß Tiere auch des Schutzes bedürfen, wurde früher nicht in dem Maße erkannt, wie heute. Sicher trug dazu der Umstand bei, daß Tiere nicht in Massen, sondern überschaubar, in geringer Zahl gehalten wurden und sich dadurch zu ihnen auch eine intensivere und persönliche Beziehung entwickelte, die automatisch auch zu einem besseren Schutz führte.

Dennoch: Tierquälereien blieben nicht aus. Sie wurden von immer kritischer werdenden und aufgeklärten Menschen als solche auch erkannt. Dies führte dann im Jahre 1822 in England zur Verabschiedung des ersten Tierschutzgesetzes der Welt, dem sogenannten Martin's Act. Im Jahre 1838 wurde ins Kriminalgesetzbuch von Sachsen dann aufgenommen, daß boshaftes und mutwilliges Quälen von Tieren mit einer Gefängnisstrafe geahndet wird. Ins Reichsstrafgesetzbuch vom 15. Mai 1871 wurde diese Straftat mitübernommen.

Von da an änderte sich die Nutztierhaltung von einer ausschließlich agrarisch ausgerichteten Form hin zur Massentierhaltung von Millionen von Tieren auf kleinstem Raum, einhergehend mit gesellschaftlichem Wandel und veränderten Verbrauchergewohnheiten. Diese Massentierhaltung wurde amtlich im Tierschutzgesetz als die Haltung großer Nutztierbestände auf begrenztem Raum in neuzeitlichen Haltungssystemen definiert. Die dort untergebrachten Nutztiere bedurften eines erhöhten Schutzes. Dieser wurde durch das Reichstierschutzgesetz vom 24. November 1933 gewährleistet. Tierquälerei wurde strafrechtlich verfolgt.

Die Haltung von Tieren in großen Beständen wurde weiter forciert, da Mechanisierung, Rationalisierung und Industrialisierung sich auch in der Landwirtschaft breitmachten. Tiere wurden von nun an in Massen produziert, nicht mehr wie früher in kleinen Beständen gehalten, wo sie der Bauer fürsorglich betreuen konnte. Die Wissenschaft, der technische Fortschritt, der Tierhandel, die ökonomische Entwicklung und andere Einrichtungen bemächtigten sich zusätzlich der Tiere. Daraus resultierten wieder neue tierschutzrechtliche Probleme, die erneut einer gesetzlichen Regelung bedurften. Insbesondere für bestimmte Formen der Massentierhaltung mußten gesetzliche Rahmenbedingungen geschaffen werden. Ethische Forderungen auf dem Gebiet des Tierschutzes standen wirtschaftlichen und wissenschaftlichen Interessen gegenüber. Das Tierschutzgesetz vom 24. Juli 1972 sollte all diese unterschiedlichen Gesichtspunkte in Einklang bringen. Doch schon Ende der siebziger Jahre haben die Tierschutzorganisationen die Novellierung dieses Gesetzes verlangt, da sie in allen dort geregelten Bereichen Verbesserungen für dringend notwendig hielten. Die verschiedensten Interessengruppen, denen das Tierschutzgesetz bestimmte Pflichten im Umgang mit Tieren auferlegt, sahen keinen Handlungsbedarf. Der Bauernverband, die fleischverarbeitende Industrie, die Wissenschaftsorganisationen, die Tierversuche durchführen, sie alle wollten kein neues Gesetz. Bei der Erarbeitung des Gesetzes wurde versucht, alle Interessengruppen, politischen Parteien gerecht zu werden. Sie wurden angehört; nur die, die es betraf, die Tiere, konnten zum Gesetzesentwurf, der am 18. August 1986 verabschiedet wurde, nichts beitragen und nicht gehört werden. Die Tierschutzorganisationen, die sie vertraten, fanden nicht gebührend Gehör, wie sie meinen. Sie kritisierten den Gesetzesentwurf als völlig unzureichend. Ihre grundsätzliche Kritik bleibt am jetzt geltenden Tierschutzgesetz bestehen, das seit dem 1. Januar 1987 in Kraft getreten ist. Dieses Gesetz beruht, so wird amtlicherseits betont, auf der Grundkonzeption eines ethisch ausgerichteten Tierschutzes. Aus der Sicht dieses Tierschutzgesetzes ist das Tier als lebendes und fühlendes Wesen ein Mitgeschöpf, dessen Achtung und Wertschätzung für den durch seinen Geist überlegenen Menschen ein moralisches Postulat darstellt, dessen Leben und Wohlbefinden in der Verantwortung des Menschen liegen. Wörtlich heißt es im Paragraph 1 des Tierschutzgesetzes: »Zweck dieses Gesetzes ist es, aus der Verantwortung des Menschen für das Tier als Mitgeschöpf dessen Leben und Wohlbefinden zu schützen. Niemand darf einem Tier ohne vernünftigen Grund Schmerzen, Leiden oder Schäden zufügen«. Dieses 1986 beschlossene neue Tierschutzgesetz der Bundesrepublik erinnert endlich an die »Verantwortung des Menschen für das Tier als Mitgeschöpf«.

Hierdurch wird der ethische Grundgedanke des Tierschutzes augenfällig dokumentiert. Das Tier muß nicht in bloßem menschlichen Interesse, sondern auch um seiner selbst willen geschützt werden. Trotz dieser wohlgemeinten Grundkonzeption läßt das Gesetz – wie im 2. Satz betont – zu, daß man Tieren auch weiterhin Schmerzen, Leiden oder Schäden zufügen darf, wenn man nur einen vernünftigen Grund hat. »Vernünftige« Gründe finden sich leider immer noch genügend.

Der Deutsche Tierschutzbund e. V. kommentiert den Kernsatz des neuen Gesetzes folgendermaßen: »Es bleibt zu hoffen, daß es den Menschen immer mehr bewußt wird, was es bedeutet, die Verantwortung für schmerzempfindliche und leidensfähige Lebewesen zu tragen.«

Die Einzel-Vorschriften gehen ins Detail. Der zweite Paragraph »Artgemäße Tierhaltung« schreibt vor, was ein Tierhalter darf und was nicht. Wörtlich: »Wer ein Tier hält, betreut oder zu betreuen hat,

1. muß das Tier seiner Art und seinen Bedürfnissen entsprechend angemessen ernähren, pflegen und verhaltensgerecht unterbringen,

2. darf die Möglichkeit des Tieres zu artgemäßer Bewegung nicht so einschränken, daß ihm Schmerzen oder vermeidbare Leiden oder Schäden zugefügt werden.

Gehen wir davon aus, daß ein Huhn quälbar und leidensfähig ist und seine Bewegungsbedürfnisse artgerecht sind, diese noch nicht weggezüchtet worden sind, und wir zumindest das Eiablegen als qualvolle Einschränkung des artgemäßen Eiablageverhaltens und das beengte dauerhafte Stehen auf Drahtgitterböden ebenfalls als Behinderung des verhaltensgerechten Bewegens akzeptieren, dann dürfte doch ein klarer Menschenverstand darin den Tatbestand der Tierquälerei erfüllt sehen. Denn niemand bestreitet, daß es andere Haltungsformen gibt, in denen Schmerzen und Leiden vermieden werden können. Ein »vernünftiger Grund« für die Käfighaltung der Legehennen würde dann auch entfallen. Da aber der Gesetzgeber einen Nachweis verlangt, ob einem Tier in einer bestimmten Haltungsform Schmerzen zugefügt werden, diese aber nicht mit wissenschaftlichen Methoden immer eindeutig nachgewiesen werden können, dürfte die Käfighaltung von Hennen aus der Sicht des Gesetzgebers mit dem Tierschutzgesetz noch lange vereinbar sein.

Über ein verändertes Verbraucherverhalten gegen Produkte aus der Massentierhaltung nach dem Motto »Augen auf beim Eierkauf« und sicher nicht mit Hilfe der Agrarpolitiker läßt sich diese Art der Tierhaltung, die rein intuitiv mit dem Tierschutzgesetz nicht zu vereinbaren ist, durch neue gesetzliche Verordnungen verbieten.

Der Deutsche Tierschutzbund, der Verein gegen tierquälerische Massentierhaltung und andere Tierschutzorganisationen teilen die Meinung, daß »das vorliegende Tierschutzgesetz weit hinter den Erwartungen der Tierschutzverbände zurückgeblieben ist. Für landwirtschaftliche Nutztiere bringt es Verschlechterungen statt Verbesserungen. Der intensiven Nutztierhaltung wird durch die Legalisierung dauernder Bewegungseinschränkung so gut wie unbeschränkt weiterhin Tür und Tor geöffnet«.

Und dennoch besteht begründete Hoffnung auf eine grundlegende Reform des bestehenden Tierschutzgesetzes, eine Chance für eine weitere Verbeserung des Tierschutzes, der den Schutz des Tieres auch tatsächlich in den Vordergrund stellt.

»... Beim ethisch gebotenen Tierschutz läßt sich die Bundesregierung von niemandem übertreffen« betonte am 14. Mai 1985 der Staatssekretär im BMELF, Dr. Wolfgang von Geldern bei der ersten Lesung im Deutschen Bundestag. Ob dies tatsächlich so ist, sei dahingestellt. Zumindest das neue schwedische Tierschutzgesetz, am 1. Juli 1988 in Kraft getreten, beinhaltet für die Tiere einige erfreuliche Passagen, die durchaus bei uns Gehör und Nachahmung finden sollten. Der Landwirtschaftsminister Hellström stellte das neue Gesetz unter das Motto: »Die Tierzucht wird in Zukunft darauf ausgerichtet sein, die Tiere gesund und glücklich zu machen.« Der Grundgedanke des neuen Gesetzes ist: Die Technik soll den Tieren angepaßt werden, nicht umgekehrt. Weitere Maximen sind: Tiere dürfen nicht so gehalten werden, daß sie dadurch zwangsläufig krank werden. Sie sollen Zugang zu einer guten Umwelt haben, also eine Möglichkeit zum Leben erhalten, die ihrem natürlichen Verhalten entspricht. In Zukunft soll keine Form von Geflügelhaltung mehr zugelassen werden, die so wenig Rücksicht auf die Tiere nimmt. Die humanere Haltung und Zucht von Nutztieren ist Kernstück des neuen Tierschutzprogramms.

Die Eierbranche bekommt eine zehnjährige Gnadenfrist, bis dann sollen die Hühner aus ihren engen Käfigen befreit werden.

Übrigens, in der Schweiz ist die Haltung von Hennen in Käfigen seit Beginn des Jahres 1992 verboten.

Mit dem neuen schwedischen Gesetz trägt die Regierung der von der Tierärztin Kristina Forslund zusammen mit der Kinderbuchautorin Astrid Lindgren initierten Proteste gegen die Fabrikhaltung von Nutztieren Rechnung. Als aber die

Anwendungsvorschriften der Landwirtschaftskammer erschienen, veröffentlichte A. Lindgren ihren letzten Artikel mit der Überschrift: »Mehr kam für die Tiere dabei nicht heraus«.

Wir schließen uns der Meinung der beiden Damen an und unterstützen ihre Forderung, daß starke ökonomische Sanktionen von seiten der Öffentlichkeit erforderlich wären, daß sie nicht länger Fleisch und Eier von schlecht behandelten und kranken Tieren haben will. Ohne solche Sanktionen werden wir diese Probleme nicht lösen, und die Tiere leiden weiter wie bisher.

Die Konsequenz daraus ist: Kauft weniger Tierprodukte, und wenn, dann von ökologisch gehaltenen Tieren aus bäuerlichen Familienbetrieben. Von Tieren, aufgezogen ohne Zusatz von Antibiotika, ohne Hormone und mit pfleglicher Tierbetreuung. Dennoch Vegetarismus ist gesünder, natürlicher und ethischer, zu guter Letzt auch wirtschaftlicher und ein christliches Gebot.

Ein nicht zu unterschätzendes Grundbedürfnis auch bei Tage ist das Ruhen, durch Stehen und Schlafen, bevorzugt auf Stangen.

S. 53: Diese Hühner können frei auf dem Hof herumlaufen, sich in der Tenne vor Feinden und der Unbill der Witterung sicher fühlen. Mit natürlichem Futter bestens versorgt, wachsen sie nahezu ungestreßt auf.

Je verschiedener die Altersstufen und Geschlechter sind, desto ausgeglichener ist der soziale Verband. Je gleichförmiger die Gruppen von Hennen und Gockel sind, desto höher ist das Risiko von Verlusten durch Aggressionen und Krankheiten.

Silberfarbige Italiener gehören zu den leichten Geflügelrassen. Entsprechend ihrer Herkunft werden sie auch als Mittelmeerrassen klassifiziert.

Rebhuhnfarbige Itailiener galten früher als typische Bauernhühner. Man kennt sie in Deutschland seit Mitte des 19. Jahrhunderts. Sie benötigen große, am besten unbegrenzte Ausläufe. Ihr Verhalten ist scheu, lebhaft, stolz und ursprünglich. Die aus italienischen Landhühnern entstandenen Tiere werden in 19 Farbschlägen gezüchtet.

Seit Beginn des 20. Jahrhunderts kennt man bei uns die Rhodeländer. Sie sind das Ergebnis eines um 1860 initiierten Zuchtwettbewerbes um das beste Lege- und Fleischhuhn im amerikanischen Staat Rhode Island. Sie sind genügsam, ruhig und sehr robust.

Ob sie wohl im Kuhstall ein Körnchen findet? Zum Scharren gibt es sicher etwas? Früher war der Besuch des Kuhstalles eine Selbstverständlichkeit. Heute ist dem Huhn der Weg dorthin aus tierseuchehygienischen Gründen durch EG-behördliche Anweisung untersagt.

Dieser stolze Italiener-Gockel und diese Rhodeländer Hühner können ihre angeborenen Verhaltensweisen in Freiheit ausleben, anders als die in Legekäfigen in erzwungener Bewegungslosigkeit gehaltenen.

S. 62: Aus Italien, Livorno, kommt das weiße Leghorn. Erst nach dem Ersten Weltkrieg entwickelte es sich bei uns zu einer richtigen Wirtschaftsrasse. Frohwüchsigkeit, gute Futterverwertung, frühzeitige Legereife und ein gewisses aggressives Verhalten zeichnen es aus.

Mitleid mit Thieren hängt mit der Güte des Charakters so genau zusammen, daß man zuversichtlich behaupten darf, wer gegen Thiere grausam ist, könne kein guter Mensch sein.

Arthur Schopenhauer

Gespräch mit einer Lebenslänglichen

Die Frankfurter Allgemeine hielt es 1979 für ungeklärt, »was die Hühner im Käfig wirklich empfinden« und bedauerte: »Schade, daß man sie nicht selbst fragen kann.« Zwischenzeitlich hat ein Gespräch stattgefunden. Die weltberühmte Kinderbuchautorin, Astrid Lindgren aus Schweden hat dieses Gespräch geführt und schriftlich festgehalten:

Neulich habe ich zwei unserer üblicherweise zu lebenslanger Haft Verurteilten besucht. Beide gehören dem sogenannten schönen Geschlecht an. Aber von Schönheit konnte bei beiden weiß Gott nicht mehr die Rede sein, dazu hatten sie schon zu lange gesessen. Und keine von beiden schien sonderlich erfreut zu sein, mich zu sehen. Die erste, die ich besuchte, wirkte direkt abweisend, wodurch ich mich jedoch nicht abschrecken ließ.

»Tagchen! Wie heißt du denn, wenn man fragen darf?« sagte ich so einschmeichelnd, wie ich nur konnte. Sie starrte mich aus ihren kleinen runden Augen erbost an.
»Soviel ich weiß, heiße ich gar nicht«, sagte sie nach kurzem Nachdenken.
»Ja, aber einen Namen mußt du doch haben, sonst kann ich nicht mit dir reden. Was hälst du beispielsweise von Lovisa, wäre dir das recht?«
Sie legte den Kopf schief, wie um in sich hineinzuhorchen, und schien nichts gegen den Namen zu haben. Ich merkte, daß sie schon ein wenig auftaute.
»Zu welcher Rasse gehörst du, Lovisa?« fragte ich.
Da reckte sie ihren mageren Körper.
»Weißes Leghorn«, sagte sie stolz.
»Woher weißt du das? Du hast doch gar keine Federn.«
»Nicht?« sagte Lovisa. »Ich hab doch sogar mehrere.«
»Aber nicht genug«, sagte ich. »Und bestimmt keine weißen. Keinenfalls das, was man ein weißes Gefieder nennen könnte.«
Müßte ich das denn haben?« fragte Lovisa betrübt.
»Tja, müßte und müßte! Jedenfalls hat sich das unser Herrgott wohl ursprünglich so gedacht, daß du und alle anderen deiner Rasse weiß und reich befiedert sein sollen.«
Jetzt wurde Lovisa zornig.
»Dann hätte er das denen ja sagen können, diesen drei Satansweibern, die bis jetzt mit mir im Käfig saßen.«

»Wo sind die denn geblieben?« fragte ich.
»Die sind heute früh zum Schlachten geholt worden, Friede sei mit ihnen! Aber bestimmt kriege ich bald wieder drei neue Satansweiber rein. Und das eine sag ich dir: Wenn in so einem jämmerlich kleinen Käfig vier Hennen hocken, dann geht das Gefieder flöten, so oder so.«
»Das verstehe ich«, sagte ich. »Aber ehrlich gesagt, Lovisa, siehts du geradezu abschreckend häßlich aus. Und was für fürchterliche Klauen du hast! Kannst du denn mit solchen Füßen überhaupt gehen?«
»Nee, stell dir vor, das kann ich nicht! Aber zum Gehen hab ich ja auch gar keinen Platz, also kann's mir auch egal sein.«
»Blutende Wunden im Nacken hast du auch«, sagte ich.
»Dann solltest du erst mal die anderen Satansweiber sehen«, sagte Lovisa offensichtlich stolz.
»Ja, willst du denn damit sagen, daß du...«
»Schließlich hab ich einen prima Schnabel. Auf mir hackt keine ungestraft rum. Und wenn der Streß einen so richtig packt, dann tut es gut, Blut fließen zu sehen.«
»Und ich habe gedacht, du legst immerzu nur Eier. Wenigstens behaupten das alle. Was ja bedeutet, daß du dich hier in deinem Käfig wohl fühlst. Sagt die sogenannte Sachkenntnis.«
»Dann frag doch mal die sogenannte Sachkenntnis, wie ich das anstellen soll, keine Eier zu legen. Wenn unser Herrgott mich nun mal mit Eiern vollgestopft hat, die rausmüssen, ob es mir nun paßt oder nicht.«
»Aber die Sachkenntnis findet diesen Großbetrieb doch ganz ausgezeichnet. Kannst du denn gar nichts Gutes daran entdekken?«
Lovisa dachte nach.
»Tja, höchstens daß man hier ohne Hahn auskommt, vielleicht sehen die das ja als Extravergünstigung an, was weiß ich. Ja, und dann noch, daß wir hier Antibiotika umsonst kriegen, wenn wir uns mies fühlen. Und das tut man hier.«
»Darf ich deine Worte so deuten, daß du den Wohltaten des Großbetriebes direkt kritisch gegenüberstehst?«
»Die darfst du, verdammt noch mal, deuten wie du willst. Die Sachkenntnis kümmert sich sowieso einen Dreck drum, was ich finde.«
»Du solltest vielleicht in die Schweiz auswandern«, schlug ich vor.
»Wieso das denn?« fragte Lovisa mißtrauisch.
»Wieso nicht? Da darf beispielsweise ein Hühnerbesitzer höchstens 2200 Hühner haben.«
»Ach du liebe Zeit! Haben die da wirklich Käfige für so viele?« fragte Lovisa.
In diesem Punkt konnte ich sie beruhigen.
»Schweizer Hühner dürften nicht in Käfigen gehalten werden, das steht im Gesetz. Die laufen draußen herum.«
»Jetzt lügst du mir die Hucke voll«, sagte Lovisa. Aber sie versank offensichtlich in angenehme Träumereien über die Freilandhühner, die es da in der Schweiz gibt.
»Kannst du raten«, sagte ich, um sie wieder aufzuwecken, »wie viele Hühner ein schwedischer Hühnerbesitzer höchstens haben darf?«
»Nee, aber es könnte ja interessant sein, das zu wissen«, sagte Lovisa »230 000.«
Lovisa zuckte zusammen. »Sag das noch mal«, bat sie.«
»230 000«, sagte ich. Lovisa war eine Weile still. Schließlich sagte sie:
»Dann gibt's hier ja richtige Eiervielfraße!«
Einen weiteren Kommentar machte sie nicht. Und das war ja auch nicht nötig.
»Du verstehst wohl, Lovisa«, sagte ich, »daß die Sachkenntnis das völlig anders sieht als du. Ich lese dir mal vor, was darüber in dem landwirtschaftlichen Beschluß von 1967 steht. Hör mal zu! – Besonders innerhalb der Federvieh- und Eierproduktion sind die Vorteile der Großbetriebe deutlich geworden, was vom Standpunkt des Verbrauchers den Nutzen hat, daß die Produkte dadurch von hoher und gleichmäßiger Qualität sind. – Na, Lovischen, was sagst du dazu?«
»Blödsinn, sag ich dazu. Der Standpunkt des Verbrauchers ist mir schietegal, aber ich könnte dir schon ein paar Lovisastandpunkte mitteilen, die die Sachkenntnis blaß werden lie-

ßen. Aber ich bin ja nur die, die die ›Produkte‹ fabriziert«, sagte Lovisa höhnisch, »also brauchen die sich um mich ja nicht zu kümmern.«
»Aber glaub mir, die Verbraucherstandpunkte haben sich so zu ändern begonnen, daß es direkt gefährlich werden kann.«
»Gefährlich für wen?« fragte Lovisa.
»Gefährlich für die Gewinnerzielung«, sagte ich.
»Denn wenn den Verbrauchern die Eier nicht mehr schmekken, dann ist es wohl nicht mehr besonders erfreulich, Besitzer von 230 000 Käfighühnern oder Käfighühnern überhaupt zu sein.«
»Aber was soll denn dann werden?« fragte Lovisa leicht beunruhigt.
»Dann wird alles gut«, sagte ich. »Lovischen, dann wird alles gut! Dann wird der Staatsminister unseres Landes sich für einen allmählichen Übergang zu Kleinbetrieben stark machen, darauf kannst du dich verlassen. Denn kannst du dir vorstellen, was während der letzten Wahlkampagne passiert ist? Man hatte dem Staatsminister Eier vorgesetzt, die von einer Henne stammten, die draußen frei herumlief und scharrte, so wie sich unser Herrgott die Sache mit den Hühnern ja eigentlich gedacht hatte. Und von jetzt an ist der Staatsminister ganz auf der Linie unseres Herrgotts, denn so ein köstliches Ei hatte er nämlich noch nie gegessen, und er fragte: WARUM KANN MAN SOLCHE EIER NICHT IN STOCKHOLM KAUFEN? Als er die einfache Erklärung bekam, konnte man förmlich sehen, wie er dachte: Raus, raus mit den Hühnern aus den Käfigen! Raus aufs freie Land mit ihnen!«
»Raus aufs freie Land«, sagte Lovisa und sah ganz erschrocken aus. »Raus mit 230 000 Hühnern! Wie wollen sie die denn abends wieder in den Stall kriegen?«
»Ach, du dumme Lovisa«, sagte ich, »so verrückt ist der Staatsminister doch nicht, daß er die ganze Heerschar auf einmal rauslassen will. Er denkt sich bestimmt – wie ich ja schon gesagt habe – einen allmählichen Übergang zu vermehrter Haltung in Kleinbetrieben, falls du verstehst was das bedeutet.«
Jetzt wurde Lovisa bockig.
»Nee, das tu ich nicht. Denn ich kenne ihn ja gar nicht. Was für ein Kerl ist das überhaupt?«
»Der Staatsminister? Oh, er ist ein gutaussehender, schlanker und durch und durch gescheiter Mann in den besten Jahren! Und wenn er sich für eine vernünftigere Landwirtschaftspolitik entscheidet, dann kriegen wir auch eine vernünftigere Landwirtschaftspolitik. Und wenn er nun endlich mal erlebt hat, wie Eier eigentlich schmecken sollen, dann braucht man ihn bestimmt nur mal zu einem richtigen Kalbsbraten und ein paar richtigen Schweinekoteletts einzuladen, damit er einsieht, was wir hier in Schweden brauchen. Bestimmt sind es nicht noch mehr Tierfabriken und Hühnerkäfige, nein, aber viele, viele gut geführte landwirtschaftliche Familienbetriebe mit Tieren, die es dort gut haben und uns nicht mit vorwurfsvollen Augen ansehen. Landwirtschaftliche Familienbetriebe, damit wären bestimmt auch alle Bauern einverstanden, wenn sie nur eine reelle Chance bekämen, davon auch leben zu können. Und wenn man sie nicht noch einmal als Schmarotzer bezeichnen würde. Tja, liebe Lovisa, solche Schwachköpfe von Politikern, die sich solche Äußerungen leisten, gibt es wirklich.«
»Ach, hör schon auf«, sagte Lovisa gelangweilt. »Das ist ja nicht meine Abteilung. Und außerdem will ich jetzt ein Ei legen«.
»Dann versprich mir, daß du ein Ei von so hoher und gleichmäßiger Qualität legst, von der man 1967 so schön gesprochen hat.«
»Hau ab«, sagte Lovisa.
Und dann legte sie wie üblich ein Ei, das eigentlich nach nichts schmeckte.

Der Hahn ist weit mehr als nur Zierde eines Bauernhofes. Die Sonderstellung in der sozialen Hierarchie einer Hühnergemeinschaft läßt ihn zum Friedensstifter eines sonst zerstrittenen Hühnervolkes werden.

S. 66: Hühner von Opas Bauernhof, auf dem es noch eine lebensvolle Idylle gibt, Plätze zum Scharren – im Schatten des Holunderstrauches, am Zaun des Bauerngartens und bevorzugt hinter dem Bauernhaus, in der angrenzenden Obstbaumwiese.

Ein optimaler Auslauf ist nicht nur eine eingezäunte Fläche, sondern ein auf die Bedürfnisse der Hühner ausgerichteter Biotop. Dazu gehört auch, daß die Fläche nicht zu klein ist und nicht abgeweidet werden kann. Eine grünlandsoziologische Gemeinschaft an verschiedenen Gräsern und Kleearten schützt den Boden und die in ihm enthaltenen Lebewesen, dient den Hühnern als Nahrung und erhält sie dabei gesund.

S. 68: Was den physiologischen und ethologischen Bedürfnissen von Hühnern entspricht, wußten die Bauern früherer Zeiten sehr wohl. Und die heutigen Bauern? Für sie hat die Europaratskonvention festgelegt, wie Tiere in der Landwirtschaft untergebracht und versorgt werden müssen. Zur Sicherung des Wohlbefindens von Legehennen wurden Käfiggrößen, Bodenflächen, Beleuchtung, Schnabelkürzen und andere Faktoren festgelegt.

Ein freier Auslauf auf einer kahlen Fläche ist immer noch besser, als ein Leben im Käfig.

Um alle tierischen Verhaltensreaktionen beobachten zu können, bedarf es einer Umwelt, die so natürlich wie möglich sein sollte. Einschränkungen irgendeiner Verhaltensweise geben ein falsches Bild über artgemäße Verhaltensbedürfnisse.

S.72/73: Beispiel einer ökologischen Hühnerhaltung eines vorbildlichen Hühnerhofes. Ein Scharrplatz für den Hahn, freier Auslauf für die Hühner unterschiedlicher Altersstufen in einer sonne- und schattenspendenden Obstbaumwiese mit Heckenbewuchs. Impressionen aus dem Paradies.

Hühner vertragen sich mit den meisten anderen Haustieren recht gut. Für Gänse trifft dies im umgekehrten Falle, zumindest beim Füttern, nicht zu. Sie vertreiben die Hühner.

Artgerechte Hühnerhaltung. Erinnerung an glückliche Hühnertage.

S. 76: Ob diese Hühner wissen, daß ihre Freiheit nicht grenzenlos sein kann? Die Äpfel im Korb sind jedenfalls nicht zum Anpicken gedacht, sondern zur Saftherstellung.

Südländer in Eintracht untereinander: Silberfarbige Italiener-Hühner mit rebhuhnfarbigem Italiener-Gockel.

Da diesen Hühnern ein sehr großer Auslauf zur Verfügung steht, ihre Zahl sehr gering ist, kommt es nicht zu ständigen Kämpfen um die Rangordnung und schon gar nicht zu Kannibalismus, wie bei den heutigen zu engen Käfigen.

Es wird ein Tag kommen, an dem die Menschen über die Tötung eines Tieres genauso urteilen werden, wie sie heute die eines Menschen beurteilen. Es wird die Zeit kommen, in welcher wir das Essen von Thieren ebenso verurteilen, wie wir heute das Essen von Unseresgleichen, die Menschenfresserei, verurteilen.

Leonardo da Vinci

Manchmal ist der Weg zurück ein großer Fortschritt – Ich esse diese Eier nicht – Nein, Käfigeier ess' ich nicht –

Über Massentierhaltung insbesondere Hühnerhaltung in Legebatterien wurde viel geschrieben. Niemand wird wohl in Abrede stellen wollen, daß Hühner empfindungsfähige Wesen sind, die sehr wohl in der Lage sind, sowohl Angst, Schmerz und Leid wie auch Freude und Zuneigung zu erfahren.

Die Frage muß gestellt werden dürfen: Woher nehmen wir das Recht, anderen Lebewesen Leid zuzufügen, sie zu quälen und ihrem Leben unnötigerweise ein verfrühtes Ende zu bereiten. Da wir imstande sind, Religionen und Ethik in unser Leben miteinzubeziehen, dürfen wir nicht länger zuschauen und dabei tolerieren, wie unschuldige Tiere zu Millionen gequält und abgeschlachtet werden, nur damit Menschen Gewinne erzielen, wir unsere Gelüste oder unseren falschverstandenen Forschungsdrang befriedigen können.

Es muß wieder ein Wunschtraum werden, wie es für König Heinrich IV. von Frankreich (1589 – 1610) war, daß sonntags jeder Bauer sein Huhn im Topf hat. Nur Freilandhaltung in kleinen Herden ist eine akzeptable Hühnerhaltung. Jedes Huhn hat Anspruch auf Erde, Luft und Sonnenlicht, alles andere ist eine qualvolle Einschränkung. Diese Haltung bietet allen Vorteile – dem Huhn aber auch dem Menschen.

Werfen wir noch einmal den Blick auf die Bilder, die mit dem Wort »Bauernhof« verbunden sind: Ein Haus, eine Scheune, ein Stall, ein Hofraum, ein Obstgarten, eine Hühnerschar, bewacht von einem stolzen Hahn, die irgendwo herumscharrt und -pickt. Versorgt mit Frischfutter und Körnern. Ihre Eier legen einen kurzen Weg bis zum Verbraucher zurück. Direkt auf den Tisch der Bauernfamilie, zum Nachbarn, ins Nachbardorf und zum Markt in die nächste Stadt. Den selben Weg nehmen die geschlachteten Hühner und der Gockel bis zum Kochtopf und zur Bratpfanne. Zu Opas Zeiten also ein niedriger Energieverbrauch für die Hühnerhaltung und die -verwertung. Anders dagegen verhält es sich in der Massentierhaltung. Ein hoher Energieverbrauch und Materialeinsatz ist dazu erforderlich.

In unserer Erinnerung und Vorstellung ist der Bauernhof ein angenehmer, lebensbejahender Ort lebendiger und gesunder Vielfalt. Dort haben die Hennen in kleinen Scharen ein angenehmes und zufriedenes Leben. Sie können im Freien

Zumindest für Hühner war Opas Hinterhof eine natürliche, lebenswerte Welt.

S. 81: Selbst ein kurzer Besuch im winterlichen Garten ist für die Hühner wichtig. Dadurch werden sie widerstandsfähig und bleiben gesund.

Der Zauber des Hühnerlebens im Großelternland. Ein Bild, das die ganze ländliche Heimeligkeit, das Gackern und Scharren von Hühnern, das Krähen des Hahns auf dem Hof, im Stall und auf den Wiesen, ausstrahlt.

Hüter des Gartens: der Hahn und die Vogelscheuche.

Mit den Flügeln zu schlagen ist für ihn eine Selbstverständlichkeit. Für seine Artgenossen in der Schweiz ebenso. Denn dort ist die Batteriekäfighaltung seit Anfang 1992 verboten. Wann wird es für die anderen Hühner soweit sein?

S. 88/89/90: Die Zeit der Idylle ist vorbei. Bilder des Abschieds, die noch einmal in Erinnerung bringen, daß wir den Tieren ihre Dienste durch ein praktisches, alt-neues Naturverständnis vergelten müssen. Die Zeit einer ökologischen, ethologischen und ehtischen Tierhaltung ist gekommen.

*Ganze Weltalter von Liebe werden notwendig sein,
um den Tieren ihre Dienste und Verdienste an uns zu vergelten.*

Christian Morgenstern

Volkstümliches, Köstliches, Besinnliches und Nachdenkliches über Hühner

Hühner und das Wetter – Bäuerliche Wetterregeln

Hocken die Hühner in den Ecken,
kommen bald Frost und Winters Schrecken.

*

Wenn das Huhn sich mausert vor dem Hahn,
werden wir einen harten Winter han.

*

Wenn die Hennen früh schlafen gehen,
wird am nächsten Tag gutes Wetter;
wenn sie spät, schlechtes.

*

Wenn die Hennen Gras fressen,
kommt Regen.

*

Wenn ein Huhn wie ein Hahn kräht,
gibt's anderes Wetter; im Sommer
Regen oder Nebel, im Winter Schnee.

Wenn die Hennen viel im Staube wühlen,
ist's, daß sie Sturmes Nahen fühlen.

*

Wenn die Hühner den Schwanz hängen lassen,
so kommt Regen.

*

Wenn die Hühner hoch fliegen,
so behält man schönes Wetter.

*

Wenn die Hühner ihr Futter auffressen,
so kommt teure Zeit.

*

Wenn die Hühner in den Regen gahn,
dann hält der Regen lange an.

Wenn junge Hühner piepen sehr,
so kommt Regen von ohngefähr.

*

Wenn sich die Hühner im Sande baden,
so regnet's gern ohn allen Schaden.

*

Wenn sich die Hühner weit vom Stall entfernen,
so naht anhaltend schlechtes Wetter.

*

Wenn sich das Geflügel früh mausert,
so gibt's einen frühen Winter.

*

Sankt Kathrei (25. November) lockt d' Henna rei.

*

Leuchten in der Fastnacht viel Stern,
legen die Hennen gern.

*

Wenn es regnet und die Hühner treten unter,
so regnet es fort;
bleiben sie aber im Freien,
so hört es bald wieder auf.

*

Baden Hühner und Spatzen im Sand,
kommt Regen ins Land.

*

Kräht der Hahn abends oder nachts,
so gibt es anderes Wetter.

Kräht der Hahn zu ungewöhnlicher Zeit,
so gibt es bald Regen.

*

Wenn der Hahn die Stunde nicht halt,
ändert sich das Wetter bald.

*

Kräht ein Hahn auf dem Mist,
bleibt das Wetter wie es ist;
kräht ein Hahn auf dem Hühnerhaus,
hält das Wetter die Woche aus.

*

Wenn der Hahn kräht auf dem Mist,
das Wetter im Wechsel ist.

*

Wenn der Hahn kräht im Hühnerstall,
gibt's unter der Trauf einen Wasserfall.

*

Wenn der Hahn kräht,
weint Petrus.

*

Wenn der Hahn unter dem Dach sich satt trinkt,
gibt's ein gutes Jahr.

*

Schmunzelspruch:

Wenn der Hahn kräht auf dem Mist,
ändert sich das Wetter,
oder es bleibt wie es ist.

Hühner im Volksmund

Gescheite Hähne frißt der Fuchs auch.

*

Mädchen, die pfeifen, und Hühnern,
die kräh'n, den' soll man beizeiten
die Hälse umdreh'n...

*

Ein guter Hahn wird nicht fett.

*

Die stellt den Kragen wie ein Gockel.

*

Besser, du hälst den Schnabel.

*

Auch ein blindes Huhn findet einmal ein Korn.

*

Ich wollt, ich wär ein Huhn...

*

Keinen Tropfen trinkt das Huhn.

*

Der Hahn, der Hahn und nicht die Henne...

Wird dem Huhn man nichts tun?

*

Dummes Huhn

*

Wie eine aufgeregte Henne.

*

Mistkratzer

*

vergackeiern

*

Die hat sich rausgeputzt, wie ein aufgeblasener Gockel.

*

Da lachen ja die Hühner.

*

Der Hahn im Korb.

Auch Hühner sind nur Menschen

Ein etwas unsicheres Huhn wanderte auf der Tenne umher und murmelte vor sich hin: »Wer bin ich? Wer bin ich?« Seine Mithühner waren besorgt, denn sie dachten, es sei verrückt geworden, bis ihm eines Tages ein Huhn antwortete: »Ein Trottel.« Von jenem Tag an hörte das etwas unsichere Huhn auf, irre zu reden.

*

Ein schielendes Huhn sah die ganze Welt etwas schief und glaubte daher, sie sei tatsächlich schief. Auch seine Mithühner und den Hahn sah es schief. Es lief immer schräg und stieß oft gegen die Wände. An einem windigen Tag ging es mit seinen Mithühnern am Turm von Pisa vorbei. »Schaut euch das an«, sagten die Hühner, »der Wind hat diesen Turm schief geblasen.« Auch das schielende Huhn betrachtete den Turm und fand ihn völlig gerade. Es sagte nichts, dachte aber bei sich, daß die anderen Hühner womöglich schielten.

*

Ein pyromanisches Huhn spazierte mit einem Streichholz im Schnabel umher. »Ich könnte alles verbrennen«, sagte es, »aber ich verbrenne nichts, weil ich ein zivilisiertes Huhn bin.« Von den anderen Hühnern in die Enge getrieben, gestand es schließlich, daß es deshalb kein Feuer lege, weil es nicht imstande sei, das Streichholz anzuzünden.

*

Ein analphabetisches Huhn wollte unbedingt lernen, seinen Namen zu schreiben. Als es schließlich ein Huhn gefunden hatte, das Lesen und Schreiben konnte und bereit war, es zu unterrichten, schlug es mit der Kralle an die Stirn und rief: »Aber ich weiß ja gar nicht, wie ich heiße!«

*

Ein ungebildetes Huhn hatte vom Latein gehört und glaubte das sei etwas zum Essen, ein neues Futter. Es erzählte seinen Mithühnern davon, die eine gewisse Skepsis an den Tag legten. Ein Huhn, das sich für schlauer als die anderen hielt, sagte: »Idioten, das Latein ist kein Futter, sondern ein Haustier.« Und fügte mit gelehrter Miene hinzu: »ähnlich wie das Schwein, nur bösartiger.«

*

Seit der Mensch sich angewöhnt hatte, Kleie zu essen, weil er entdeckt hatte, daß sie gut für die Gesundheit ist, warteten die Hühner des Hofes darauf, daß der Mensch ihnen Hefezöpfe und Hörnchen bringe.

*

»Um Philosoph zu werden«, sagte ein altes Huhn, das sich sehr weise düngte, »ist es nicht nötig, an etwas zu denken, es genügt auch, an nichts zu denken.«. Es setzte sich in einen Winkel des Hühnerstalls und dachte an nichts. So und nicht anders sei es ein philosophisches Huhn geworden, erklärte es.

Ein größenwahnsinniges Huhn hatte den Entschluß gefaßt, eine Abhandlung zu schreiben. »Worüber?« fragten seine Mithühner. »Über alles«, antwortete das größenwahnsinnige Huhn. Seine Mithühner zeigten sich skeptisch und gaben ihm zu bedenken, alles sei vielleicht doch ein bißchen zu viel. Das größenwahnsinnige Huhn korrigierte daraufhin sein Vorhaben und sagte, es würde eine Abhandlung über fast alles schreiben.

*

Alle Hühner des Hofs versammelten sich, um über die Bedeutung des Sprichworts »Ein blindes Huhn findet auch einmal ein Korn« zu diskutieren. Trotz langer Diskussionen kamen sie zu keinerlei Schluß. Am Ende behauptete ein Huhn, es handle sich um einen Druckfehler und das Sprichwort müsse richtig lauten: » Ein blondes Huhn findet auch einmal ein Korn.«

*

Alle Hühner des Hofs traten geschlossen in den Generalstreik, um gegen das Futter zu protestieren, das nach Teer stank. Sie versuchten, keine Eier mehr zu legen, aber trotz aller Anstrengungen legten sie doch welche! So scheiterte der Generalstreik, und sie mußten weiter das Futter fressen, das nach Teer stank.

Ein sehr frommes Huhn wollte heilig werden, aber es wußte nicht, wie es das anstellen sollte. Schließlich flocht es einen kleinen Ring aus goldgelben Weidenruten und setzte ihn sich auf den Kopf wie einen Heiligenschein. Es war so überzeugt davon, heilig geworden zu sein, daß es sogar Wunder wirkte.

*

Ein analphabetisches Huhn setzte sich mit einem Stück Zeitung mitten in den Hühnerhof und tat, als würde es lesen. »Was passiert in der Welt?« fragten seine Mithühner. Um keinen Fehler zu machen, erklärte das analphabetische Huhn es passiere nie etwas. Bis ihm eines Tages ein ungeduldiges Huhn einen so heftigen Tritt versetzte, daß es über die ganze Wiese kollerte, und dann sagte: »Jetzt ist was passiert, mal sehen ob es die Zeitung diesmal bringt.«

Literaturverzeichnis

Harald Steffahn, *Menschlichkeit beginnt beim Tier,* Kreuz Verlag, 1987

Dieter E. Zimmer, *Hühner – Tiere oder Eiweißmaschinen,* Rowolth Verlag, 1983

Carl A. Skriver, *Der Verrat der Kirchen an den Tieren,* Starczewski Verlag, München, 1967

Peter Singer, *Verteidigt die Tiere,* Paul Neff Verlag, 1986

Peter Singer, *Befreiung der Tiere,* F. Hirthammer Verlag, 1982

Glarita Martin, *Verhaltensstörungen des Haushuhns bei Käfighaltung, Angewandte Ornithologie,* Band 3/4, 1973/1974

Glarita Martin, *Stopp der Käfighennenhaltung,* Verein gegen tierquälerische Massentierhaltung, Heikendorf bei Kiel

Gotthard M. Teutsch, *Die Intensivhaltung von Nutztieren in ethischer Sicht,* Himmelheber Stiftung, Baiersbronn, 1979

Beate und Leopold Peitz, *Hühner halten,* Eugen Ulmer Verlag, 1985

Luigi Malerba, *Die nachdenklichen Hühner,* Verlag Klaus Wagenbach, Berlin, 1984

Deutscher Tierschutzbund, *Das Tierschutzgesetz aus unserer Sicht,* Band 2, Bonn

Astrid Lindgren, *Meine Kuh will auch Spaß haben,* Verlag Friedrich Oetinger, Hamburg, 1991

Verschiedene Schriften:
Ist unsere Gesundheit durch die tierquälerische Massentierhaltung gefährdet?
Gegendarstellung zu: Ich bin ein Käfighuhn und kein Mistkratzer mehr vom Zentralverband der deutschen Geflügelwirtschaft e. V.
Walter Bodenstein, *Taub für das Seufzen der Kreatur,*
Sie fragen – wir antworten
Verein gegen tierquälerische Massentierhaltung, Heikendorf bei Kiel

Bernhard Grzimek, *Vom Grizzlybär zur Brillenschlange – Beim Essen helfen wir Tiere quälen,* Kindler-Verlag, 1979

Ute Rhein, *Der Geflügelhof,* pala Verlag, 1990